Te 107
162
D

Te $\frac{107}{162}$

D

NOTICE

SUR

LES RHUMATISMES

SUIVIE D'OBSERVATIONS

SUR

LES AFFECTIONS DE POITRINE

TRAITEMENT ET DE LEUR GUÉRISON

PAR

LE DOCTEUR PORTEFAIX

EX-MÉDECIN EN CHEF DE LA MANUFACTURE IMPÉRIALE DES TABACS

PRIX : 1 FRANC.

PARIS

CHEZ L'AUTEUR, RUE DE RIVOLI, 47,

PRÈS DE LA TOUR SAINT-JACQUES.

1866.

PARIS
IMPRIMÉ PAR A. APPERT
passage du Caire, 56.

PRÉFACE

On peut affirmer, sans crainte d'être contredit, que les affections rhumatismales sont les maladies le plus généralement répandues, et on doit même ajouter le plus souvent méconnues.

Un grand nombre de maladies graves, localisées sur les organes les plus importants de l'économie, le *cœur*, les *poumons*, le *foie*, les *intestins*, sont souvent compliquées d'un élément rhumatismal, lorsque le *rhumatisme déplacé* n'est pas la *seule cause* de leur développement.

Dans cette courte notice, nous allons essayer de faire l'historique de cette maladie. Nous en ferons connaître les principales causes, les divers symptômes et les formes bizarres qu'elle affecte; ses principales manifestations, et les erreurs de diagnostic auxquelles elle peut donner lieu.

Comme il n'entre pas dans notre intention de faire un traité purement scientifique sur *le rhumatisme*, nous nous contenterons, dans ce rapide exposé, de faire connaître ses formes les plus ordinaires, et de donner à chaque manifestation le nom sous lequel elle est le plus vulgairement connue.

Nous nous attacherons aussi, tout en restant dans les limites des données acquises par la science, à employer des expressions *simples, vulgaires*, connues de tous les lecteurs. Cette manière d'exposer les faits, si elle n'a pas la couleur brillante d'une monographie scientifique, aura du moins l'avantage de mettre la science à la portée de tout le monde, d'éclairer sur leur situation de malheureux malades qui souffrent depuis longtemps, et de leur indiquer un prompt remède à leurs maux.

Paris, janvier 1865.

CAUSES DES RHUMATISMES

Au premier rang, nous mettrons **l'hérédité.**

Il est, en effet, surabondamment prouvé, non-seulement pour les médecins, mais aussi pour les personnes étrangères à la science, que la *prédisposition rhumatismale* se transmet dans les familles de génération en génération. On la voit quelquefois épargner une ou deux générations, pour sévir avec plus d'intensité sur les descendants de la troisième ou de la quatrième.

L'humidité. — L'impression du froid ou de l'humidité en est une des causes les plus ordinaires ; mais cette cause a plus ou moins d'action, selon les prédispositions particulières ou la constitution de certains individus.

La bonne chère, les excès de boissons, en modifiant les qualités du sang, le rendent épais (plastique) et favorisent la prédisposition individuelle. Enumérons maintenant les diverses formes sous lesquelles l'affection rhumatismale se manifeste le plus ordinairement.

RHUMATISME ARTICULAIRE

Le **Rhumatisme articulaire** a son siége sur les articulations. On l'appelle aussi **Arthrite rhumatismale.** C'est une inflammation du système fibro-séreux des articulations, compliquée d'une altération particulière du sang.

Cette forme, une des plus graves, est précédée de symptômes généraux, tels qu'un malaise et une fièvre plus ou moins vive. Au bout de vingt-quatre heures, une ou plusieurs articulations deviennent douloureuses et s'enflent; il s'y manifeste une grande chaleur et une couleur rosée.

Quelquefois ces symptômes généraux sévissent avec une grande violence. Le *Rhumatisme* se porte d'une articulation à une autre, et, en général, les douleurs sont plus vives dans l'articulation qui commence à être entreprise que dans celle qui l'est déjà. Il se fait autour de l'articulation des dépôts d'une matière gélatineuse, qui compromettent toujours sérieusement les fonctions du membre malade lorsqu'ils ne les abolissent pas complétement.

Que d'individus ne voit-on pas dans les rues, dans les villes et établissements de bains, qui se trouvent dans cette fâcheuse position! Les uns ne peuvent fléchir ni étendre les jambes, et la marche devient pour eux très pénible, ou impossible, sans béquilles; d'autres, dont les articulations des bras sont ankylosées (ou soudées), ne peuvent plus porter les mains à leur bouche pour se nourrir.

RHUMATISME MUSCULAIRE

Le **Rhumatisme musculaire** se porte sur les muscles. Il se déplace avec plus de facilité que le précédent. C'est celui dont on se défie le moins, et qui est cependant le plus susceptible de déplacement

D'abord, ce n'est qu'une légère douleur, qui a son siége sur une partie quelconque du corps, et qui augmente par les mouvements. Plus tard, cette douleur devient plus vive et les mouvements de la partie malade plus difficiles. Alors, si, par un traitement approprié, on ne parvient pas à arrêter la marche de la maladie, voici ce qui se passe :

La partie malade devient enflée, très sensible au moindre contact; la fièvre arrive, l'appétit se perd, les forces disparaissent, et si, enfin, un remède énergique et efficace ne vient pas mettre un frein à la marche rapide de ces graves symptômes, la *mort* ne tarde pas à arriver, surtout lorsque le mal se trouve *localisé sur un organe important*.

Quels sont les cas les plus graves qui peuvent résulter du déplacement d'un Rhumatisme ?

Voyez-vous ce jeune homme qui entre dans le cabinet du docteur avec tous les symptômes d'une *maladie de cœur?* c'est François Rémond, âgé de vingt ans. Il vient demander du soulagement à des maux qu'il endure depuis longtemps, et contre lesquels tous les traitements ont échoué.

Interrogeons-le, et écoutons son histoire.

C'est le fils d'un maraîcher; il couche depuis plusieurs années au rez-de-chaussée, dans une chambre humide; il a marché souvent pieds nus, et souvent il s'est couché à l'ombre, étant en transpiration. Que lui est-il arrivé à la suite de ces imprudences ? Une maladie de cœur? Non. Il a eu tout *simplement au début* les légers symptômes de courbature, de fatigue, et de douleur, qui accompagnent le *Rhumatisme musculaire* dont nous venons de parler. Il a négligé ces *bêtises*, comme il les appelle, et un jour il s'est aperçu, après avoir gravi un escalier, qu'il était tout essoufflé, et qu'il avait de violents battements de cœur. Le lendemain et les jours suivants son état s'aggrave, et alors on songe à le faire soigner. Les premiers médecins constatent une *hypertrophie* (grossissement du cœur), et lui font suivre un traitement qui ne peut arrêter la marche de cette terrible affection. Le malheureux jeune homme se fait recevoir successivement dans plusieurs hospices de Paris, et en sort sans être guéri. Enfin il vient nous voir, et voici ce que nous constatons :

1° Une hypertrophie considérable du cœur;

2° Un bruit de souffle (un bruit de soufflet de forge), signe caractéristique de cette maladie;

3° Une déformation des muscles pectoraux du côté gauche, dont la voussure donnait par la mensuration une différence de 15 centimètres de plus du côté gauche que du côté droit de la poitrine. Ceci vous donne une idée du point où en étaient arrivées les choses. Le malade n'avait plus de sommeil, plus d'appétit, plus de forces. La respiration, très pénible et sifflante, se faisait par saccades. La figure, rouge et violacée, indiquait qu'il y avait congestion du côté de la tête, à cause de la difficulté qu'avait le cœur à recevoir le sang qui lui arrivait de cette partie. Les battements de l'organe étaient tels, que le malade ne pouvait monter quelques marches sans être sur le point de tomber en syncope, et qu'on aurait dit à chaque instant que les parois de la poitrine allaient se rompre sous ces impulsions violentes. Cet état ne pouvait durer longtemps, et le malade n'eût pas tardé à succomber. Rémond suivit fort rigoureusement le traitement qui lui fut prescrit, et, grâce aux *frictions* répétées *trois fois par jour* avec la *Pommade végétale anti-rhumatismale*, et à un traitement intérieur tonique, ce jeune homme fut guéri radicalement dans l'espace de *deux mois*. Quelques jours après sa guérison, il entrait comme cocher dans le service des postes, et faisait son travail sans la moindre fatigue. Il est aujourd'hui plein de santé et père de deux beaux enfants. ▪

Si nous nous sommes étendu sur cette observation, c'est pour démontrer combien une légère douleur rhumatismale, localisée d'abord sur un bras, sur une jambe, ou sur tout autre endroit du corps, peut, *lorsqu'elle est négligée*, se porter sur un organe important et déterminer une maladie grave, si ce n'est la *mort*.

Dans le cas que nous venons de citer, le rhumatisme de Rémond, qui se trouvait au début sur les muscles des reins, et qui aurait été guéri en deux ou trois jours par quelques frictions avec la *Pommade végétale anti-rhumatismale*, s'est porté sur le cœur, et a déterminé cette grave affection qui l'a mené au portes du tombeau.

Citons encore, *rapidement cette fois*, quelques cas graves de déplacement de rhumatisme sur des organes importants.

RHUMATISME DES INTESTINS

Cette affection, qu'on appelle trop souvent à faux *Inflammation d'intestins, Entérite, Duodénite, Engorgement d'intestins*, n'est la plupart du temps qu'un *rhumatisme déplacé*.

F..., chef de train au chemin de fer de Lyon, a pris, en remplissant ses fonctions, un rhumatisme à l'épaule droite. Il néglige de soigner cette douleur, et, quatre ou cinq jours après, il est pris de violentes coliques avec souffrances intolérables. Le ventre se ballonne, la fièvre s'allume avec intensité, l'anxiété et la soif deviennent extrêmes. Nous sommes appelé auprès du malade, et nous constatons une *vive inflammation d'intestins* résultant d'un déplacement rhumatismal.

Traitement intérieur. Frictions fréquentes sur le ventre avec la *Pommade végétale anti-rhumatismale*. Le lendemain les symptômes s'apaisent ; le *rhumatisme* revient à l'épaule le surlendemain ; on le poursuit au moyen des frictions, et, cinq ou six jours après, le malade est radicalement guéri.

MALADIES DE VESSIE

Cystite. — Inflammation de vessie. — Catarrhe de vessie. — Rétention d'urine. — Incontinence d'urine.

Voici deux cas très remarquables de déplacement de rhumatisme sur la vessie :

M. F..., boulevard des Italiens, s'éveille dans la nuit avec une vive douleur dans le bas ventre. Il a de grandes envies d'uriner, et l'urine ne sort pas. La région de la vessie est très sensible au toucher. La pression des draps devient même insupportable. L'accumulation de l'urine dans la vessie augmente l'anxiété, et on voit son état s'aggraver progressivement. D'abord une fièvre intense, puis des suffocations, des bouffées de chaleur à la figure et enfin un *délire* furieux. Appelé auprès du malade, notre premier soin fut de le sonder, et d'évacuer toute l'urine contenue dans la vessie. Le malade se trouva soulagé, et nous nous retirâmes après avoir ordonné quelques cataplasmes émollients sur le bas-ventre. Le lendemain les mêmes symptômes de la veille se représentent, et le malade se trouve de nouveau en proie aux plus vives souffrances, et dans la situation la plus grave. Il demande son médecin à grands cris. Nous nous rendons auprès de lui et nous sommes frappé de cette brusque réapparition de la maladie. Nous interrogeons avec soin le patient, et la lumière se fait aussitôt.

M. F..., quinze jours auparavant avait été prendre un bain chaud. En sortant de l'établissement, il était resté quelques instants sous la porte cochère et avait senti, quelques heures après, une douleur dans la région du foie. Cette douleur avait persisté, assez vive, pendant plusieurs jours ; mais elle s'était calmée sous l'action de quelques cataplasmes à la farine de lin, puis enfin elle avait complétement disparu ; c'était quatre ou cinq jours après sa disparition que l'inflammation de vessie était survenue. Il n'y avait donc pas à en douter, nous avions affaire à un *rhumatisme déplacé sur la vessie*. Comme toujours, les frictions sur la région de la vessie avec la *Pommade végétale anti-rhumatismale* et une tisane émolliente ont suffi pour dissiper le mal, et, *quatre jours* après ce traitement, il n'en restait plus de trace.

Incontinence d'urine, suite d'un déplacement rhumatismal.

M. M..., négociant à L... (Hérault), revenant de la campagne, avait était été surpris par la pluie qui avait traversé ses

vêtements et ruisselait sur son corps. En arrivant au logis,
il s'empressa de se couvrir de vêtements bien chauds. Malgré
cette précaution, il éprouva le lendemain une courbature générale qui était dominée par une douleur très vive localisée
dans les muscles longs du dos. Ces muscles étaient enflés,
rouges et sensibles au moindre contact. Pendant huit jours
le malade ne dormit point, malgré tous les remèdes qu'on
lui avait administrés. Le neuvième jour le mal du dos disparut subitement et le lendemain M. M... éprouva de fréquentes envies d'uriner. L'urine s'échappait goutte à goutte ; elle
était rouge, *brûlante*, déposait un limon rouge, semblab-
ble à de la brique pilée. Il éprouvait dans le bas-ventre un
sentiment de lourdeur et de gêne considérable, des élancements vifs comme l'éclair et très douloureux ; l'urine
s'échappait à chaque instant de plus en plus brûlante et de
plus en plus chargée. L'inflammation de la vessie devint
telle qu'il sortait avec l'urine des *morceaux de chair sai-
gnante* (ce qu'un médecin appellerait des lambeaux de la
muqueuse exfoliée). Le malade, ayant réclamé nos soins,
nous reconnûmes, après l'avoir interrogé, que c'était encore
à un déplacement rhumatismal sur la vessie que nous
avions affaire. Nous ordonnâmes les frictions sur le bas-
ventre et sur le périnée avec la *Pommade végétale anti-
rhumatismale*, et, au bout de huit jours, la guérison fut
complète.

MALADIES DE LA GORGE

*Laryngite. — Enrouements. — Extinctions de voix. —
Inflammation des amygdales.*

M. C..., officier de cavalerie, en garnison à Paris, souffrait depuis quinze ans de la gorge. Tous les ans, à la même
époque (au commencement de l'hiver) sa voix devenait rau-
que ; il éprouvait en même temps une forte sensation de

chaleur dans l'arrière-gorge, et, lorsqu'il avalait un liquide froid ou un peu chaud, il souffrait cruellement. Le malade traduisait sa douleur en disant qu'il lui semblait qu'on lui passait une barre de fer rouge dans le larynx et dans les bronches. Une toux sèche, opiniâtre et quinteuse accompagnait tous ces symptômes. Les quintes de toux étaient quelquefois si fortes que la face du malade se congestionnait et devenait bleuâtre, et que sa respiration se suspendait assez longtemps pour faire craindre aux personnes, témoins de ces accès, que le malade ne vînt à étouffer.

M. C..., depuis quinze ans, avait épuisé toutes les ressources de la médecine et de la pharmacie sans aucun résultat. L'été seul apportait quelque soulagement à ses maux. Mais, *chose remarquable*, en même temps que le mal de gorge diminuait, le malade se plaignait d'une douleur sourde dans la fesse gauche, douleur qui suivait le nerf sciatique et se prolongeait jusque dans le mollet. Cette *douleur rhumatismale* durait presque tout l'été, tantôt très aigue, tantôt très supportable. Mais aux premiers froids elle disparaissait peu à peu et à son tour la gorge devenait malade.

Ce n'est qu'après de longs tâtonnements, et après avoir plusieurs fois interrogé le malade et l'avoir même traité *sans succès*, que nous avons appris de sa bouche les *précieux détails* qui suivent :

M. C..., qui avait longtemps habité l'Afrique, y avait contracté une sciatique, contre laquelle il n'avait usé que de la flanelle. Un an après sa rentrée en France, la sciatique disparut l'hiver, pour faire place à ces affreux maux de gorge, contre lesquels nous avions essayé en vain toute espèce de cautérisations.

C'était donc la *Sciatique rhumatismale qui tourmentait* M. C..., en se déplaçant sur le larynx.

Le malade commença son traitement l'hiver. De fortes frictions avec la *Pommade végétale anti-rhumatismale*, pratiquées sur la région du cou, amenèrent bientôt une vive et abondante éruption à la peau. De grosses pustules se montrèrent, remplies d'une sérosité jaunâtre. A la *huitième friction*, la voix était déjà claire et tous les liquides étaient avalés sans douleur.

Le *dixième jour*, le mal de gorge *n'existait plus*, mais la douleur sciatique de la fesse reparut. C'est alors que, sûr de la cause de la maladie et de sa guérison, nous poursuivîmes sans relâche, par des frictions énergiques, cette douleur rhumatismale qui, avec une incroyable facilité, se portait tantôt à la gorge, tantôt à la fesse, sous l'influence des frictions. Nous conseillâmes au malade de se faire frictionner *matin et soir pendant un mois*, sur la partie du corps où il sentirait la moindre douleur. Il suivit nos conseils, et ce traitement, aidé par des dépuratifs à l'intérieur, amena une guérison radicale. M. C... est encore à Paris, et jouit depuis deux ans de la meilleure santé.

MALADIES DE L'ESTOMAC
Résultant d'un déplacement rhumatismal.

Gastrites — Gastralgies
Vomissements incoërcibles.

Mme A. O..., âgée de trente ans, rue de Bercy, depuis deux ans éprouvait des douleurs d'estomac, qui s'augmentaient considérablement après les repas. Ces douleurs, sourdes d'abord, devenaient de plus en plus vives et déterminaient des vomissements continuels. C'étaient d'abord des substances alimentaires, puis une bile verte et d'un goût très amer. La région de l'estomac, très sensible au toucher, était le siége d'un gonflement assez notable.

Mme O... maigrissait de jour en jour, ses forces se perdaient, et il était résulté de cet état de choses une si grande faiblesse, que la malade n'avait plus la force de quitter sa chambre. Elle avait suivi plusieurs traitements sans succès, et les eaux de Pougues, où elle avait été envoyée par le professeur T..., n'avaient amené aucune amélioration dans son état. Consulté par cette dame, nous reconnûmes, après un long examen, qu'il s'agissait d'une *Gastrite rhumatismale* par *déplacement*. En effet, quatre ou cinq mois avant le début de l'affection d'estomac, Mme O... avait souffert cruellement d'une névralgie faciale, qu'elle avait contractée en couchant nu-tête dans une chambre dont le plafond avait été refait à neuf. Cette névralgie rhumatismale avait disparu pendant les chaleurs de l'été, à la suite d'abondantes sueurs de tête, et c'est vers le mois d'octobre que la malade avait senti les premières atteintes de sa maladie d'estomac.

Nous conseillâmes à la malade l'usage de l'eau de Vichy et un traitement tonique spécial, pour rétablir les forces. Puis des *frictions avec la Pommade végétale anti-rhumatismale, répétées matin et soir* sur la région de l'estomac, déplacèrent le Rhumatisme, qui se porta de nouveau à la face; mais, poursuivi par des frictions, tantôt sur les tempes, tantôt sur l'estomac, il disparut complétement, et, depuis un an, Mme O... n'a même plus eu *une indisposition*.

Gastralgie. — *Maladies de l'estomac simulant le cancer du pylore, et résultant d'une métastase rhumatismale.*

Le sieur H..., maçon à Asnières, âgé de 52 ans, a eu un rhumatisme du muscle grand dorsal, par suite d'une longue exposition à l'humidité. Quoique souffrant beaucoup, cet homme continua, pressé par le besoin, son travail journalier. La fluxion rhumatismale devint si intense, que le muscle prit un développement extraordinaire et amena une déformation du tronc. En le voyant, on aurait dit que la colonne vertébrale était déviée. Par une contraction longue et forcée, le muscle grand dorsal, ainsi que les muscles qui tapissent la face postérieure des côtes du côté droit du thorax, s'étaient raccourcis et avaient complétement dévié à gauche l'omoplate (os de la palette), de façon à forcer le malade à se tenir penché du côté droit et courbé comme si, étant paralysé du côté gauche, il eût obéi à l'action seule des muscles du côté droit du corps.

Tout d'un coup les douleurs du dos cessèrent, et des symptômes très-graves se manifestèrent du côté de l'estomac.

Le malade vomissait continuellement ses aliments : il avait des renvois acides et nauséabonds ; la région du pylore était très douloureuse au toucher, et, en palpant cette région, on sentait des bosselures et des tumeurs qui indiquaient un engorgement profond. Joignez à ces signes des vomissements noirs couleur de marc de café, et la teinte jaune de la face (deux signes caractéristiques des cancers), et il sera permis de croire que cet homme avait une maladie cancéreuse. Il ne dormait ni le jour ni la nuit, et sa situation était devenue pour lui si douloureuse, que la vie lui était à charge. L'appétit se perdant et les forces disparaissant de jour en jour, cet homme avait été dans la nécessité de suspendre *complétement* son travail depuis *plusieurs mois*, lorsqu'il vint nous trouver. Cet état durait depuis près de vingt ans, avec des alternations de soulagement et de rechute : l'épuisement, dans cette dernière crise, était tel, qu'une terminaison fatale allait s'en suivre.

Nous pensâmes, et l'expérience nous donna raison, que cette maladie d'estomac, quelque grave qu'elle fût, devait être attribuée au déplacement du rhumatisme du dos sur cet organe.

L'affection rhumatismale, s'étant épuisée sur les muscles, s'était reportée avec une intensité inusitée sur la région stomacale, et avait produit des désordres d'autant plus graves, qu'elle s'exerçait sur un sujet débilité, affaibli par de longues souffrances et par des privations de toute sorte.

Nous prescrivîmes un régime tonique, une nourriture fortifiante mais d'une digestion facile; et comme médication l'usage de la *Pommade végétale anti–rhumatismale* en *frictions deux fois par jour* sur toute la surface du tronc, et plus spécialement sur les parties engorgées.

Deux mois de ce traitement ont suffi non seulement à guérir radicalement la maladie d'estomac, mais à rendre au malade sa position verticale. Grâce aux frictions, les muscles ont repris leur souplesse et leur élasticité, et nous avons été assez heureux de rétablir leurs rapports normaux par quelques exercices propres à leur donner de a force, et à les ramener dans le sens de leur action ordinaire.

NEVRALGIES FACIALES ET DU CUIR CHEVELU.

Résultant d'un déplacement rhumatismal.

Odontalgies *(maux de dents).*

Otites *(maux d'oreilles).*

Mᵐᵉ X... s'était assise sur l'herbe humide pendant un temps assez long. Le lendemain de cette imprudence elle se plaignit d'une très vive douleur au genou droit qui la fit boiter pendant quelques jours. Elle fit l'application de cataplasmes à la fleur de mauve, et peu à peu la douleur du genou disparut et la marche fut rétablie. Une semaine

était à peine écoulée que cette dame éprouva des élancements au sommet de la tête qui, par leur intensité et leur
continuité, la mirent dans un état très grave. Elle ne pouvait prendre aucun aliment sans le vomir aussitôt, à cause
de la violence du mal. Les douleurs étaient si fortes, que
pendant près de vingt jours elle ne dormit pas un seul instant. Un léger délire résultant de la faiblesse et de l'exalta-
tion produite par ces douleurs, fit craindre à sa famille
qu'elle ne perdît la raison. Ni les bains de pieds, ni l'opium
à haute dose, ni le chloroforme pur, rien n'avait pu la calmer ni adoucir ses maux.

Appelé près de la malade, nous nous sommes enquis
scrupuleusement des causes possibles de la maladie, et
après avoir acquis la conviction que le *déplacement* du
rhumatisme du genou était la cause de tous ces désordres, nous avons fait *raser immédiatement la tête*, sur
laquelle on a fait *trois fois par jour de fortes frictions* avec
la *Pommade végétale anti-rhumatismale*. Après chaque friction, on recouvrait la tête d'une ouate épaisse sur laquelle on
plaçait un bonnet en taffetas gommé, pour provoquer la
transpiration. *Huit jours* de traitement ont amené une guérison complète. La malade s'est d'autant mieux trouvée des
moyens que nous avons employés, que sa chevelure, qui
tombait tous les jours, par suite d'une faiblesse du bulbe, a
repoussé avec une nouvelle force et plus abondante qu'auparavant.

MALADIE D'YEUX

Ophthalmie. *Inflammation du globe de l'œil.*

Voici un cas très remarquable et très curieux pour un
observateur.

Madame P., rue Gallois, actuellement boulevard de
Bercy, âgée de 40 ans, fut prise un jour subitement d'un

2

rhumatisme musculaire à la jambe droite qui bientôt se lo-
calisa sur le genou et détermina sur l'articulation, du gonflement, de la rougeur, de la chaleur, et une vive douleur. Cette
dame étant notre cliente, nous fit demander quatre ou cinq
jours après l'apparition de la maladie. Nous lui ordonnâmes
immédiatement des frictions avec la *Pommade végétale
anti-rhumatismale,* et nous vîmes peu à peu les symptômes
s'amender sous l'influence de cette médication. Une dizaine
de frictions suffirent pour dégager complétement le genou.
Mais quelle ne fut pas notre surprise, lorsque la malade
nous fit appeler de nouveau près d'elle pour une vive
ophthalmie qui lui était survenue brusquement dans la nuit.
Les deux yeux étaient enflés, le bord des paupières d'un
rouge violacé, la cornée (le blanc de l'œil) d'une coloration
rouge vif, présentait une injection sanguine très considérable des vaisseaux qui rampent dans la cornée. La malade
pouvait à peine soulever les paupières, et la lumière, pour
si peu qu'elle les ouvrît, produisait des douleurs tres aiguës,
une sérosité jaunâtre s'écoulait continuellement du bord li-
bre des paupières, et, de temps en temps, des élancements
vifs et très douloureux venaient augmenter ses souffrances
déjà si aiguës. On ne pouvait attribuer cette brusque ophthalmie à toute autre cause qu'à un *déplacement* rhumatismal,
puisque Madame P... n'était pas sortie de chez elle et ne
s'était exposée à aucune cause susceptible de déterminer
une inflammation des yeux.

Voici le traitement que nous avons conseillé à la malade :

1° Des fumigations émollientes aux fleurs de mauve;

2° Des bains de pieds synapisés;

3° De légères *onctions* très fréquentes sur les paupières
avec la *Pommade végétale anti-rhumatismale.*

Le quatrième jour du traitement le mal d'yeux avait à
peu près disparu et la douleur rhumatismale était de nou-

veau revenue au genou, mais beaucoup plus faible qu'auparavant. Elle s'est dissipée sous l'action de quelques frictions, et le *vingtième jour* du traitement, Madame P... était radicalement guérie.

ODONTALGIE

Mal de dents. — Inflammation des gencives, consécutive d'un déplacement rhumatismal.

Mademoiselle G....., ouvrière à la manufacture impériale des tabacs, se présente dans notre cabinet, nous disant qu'elle souffrait cruellement des dents depuis deux semaines, et que, dans l'espoir d'être soulagée, elle s'en était fait extraire deux, dont l'une absolument saine, et l'autre un peu gâtée. Elle nous priait avec instance d'examiner attentivement sa bouche, et de la débarasser de *la dent*, ou *des dents* qui causaient tout son mal.

Nous l'examinâmes en effet très attentivement, et nous pûmes nous assurer qu'on avait extrait à cette malheureuse fille deux dents saines, qui lui auraient été très longtemps utiles, et que toutes les autres étaient en bon état.

Il résulta des interrogations que nous fîmes à la malade qu'il s'agissait encore ici d'une fluxion purement rhumatismale *primitive* ou *déplacée*. En effet, cette ouvrière s'étant exposée à l'action d'un courant d'air humide, avait pris une névralgie temporale qui, après l'avoir fait beaucoup souffrir pendant huit jours, s'était déplacée sur les gencives, et avait déterminé un gonflement et une rougeur très notables. Toute la mâchoire était douloureuse, parcourue par des élancements sourds et continus, qui faisaient croire à la malade que toutes ses dents étaient gâtées à la racine.

Nous avons prescrit le traitement suivant :

Bains de pieds à la farine de moutarde.

Deux pilules purgatives tous les deux jours.

Fumigations à la face avec décoction de plantes aromatiques et émollientes.

Enfin quatre frictions par jour avec la *Pommade végétale anti-rhumatismale* sur les joues en suivant autant que possible la face externe des maxillaires.

Le rhumatisme s'est déplacé de nouveau en se portant sur divers endroits du corps d'où il a été successivement chassé par les frictions, et enfin le rétablissement a été complet le *douzième jour du traitement*.

AFFECTIONS DE POITRINE

Produites par un déplacement rhumatismal, et simulant tantôt la **Phthisie**, *la* **Bronchite**, *la* **Pleurésie**, *la* **Pneumonie** *(fluxion de poitrine), etc., etc.*

Mademoiselle Célestine B..., rue St-Thomas-d'Enfer, se présente au mois de mai dernier dans notre cabinet pour demander nos conseils au sujet d'une affection de poitrine qui inspire les plus graves inquiétudes à sa famille. Elle est âgée de 23 ans. Il n'y a personne des siens qui soit atteint de cette affection, ce qui exclut l'idée d'hérédité, et cependant elle a en apparence tous les symptômes de la phthisie.

Après l'avoir auscultée et percutée, nous reconnaissons l'existence de tubercules au sommet des deux poumons, et particulièrement du poumon droit. Des craquements humides se font entendre dans ce point : la respiration est rude, sifflante un peu au-dessous, et on perçoit aisément la pectorilogine (ou voix de poitrine). La malade a des sueurs la nuit, froides ou tièdes, qui inondent la poitrine et les jambes; tous les matins elle crache du sang, et les crachats qu'elle expectore sont jaunes, quelquefois grisâtres, et contiennent des tubercules à l'état cru.

En interrogeant la malade, nous apprenons qu'à la suite d'un séjour prolongé dans une chambre humide, elle a pris un rhumatisme musculaire général, qui a disparu peu à peu sous l'influence de la chaleur. C'est aussitôt après sa disparition que mademoiselle C... a commencé à tousser, et que se sont manifestés successivement les symptômes alarmants que nous venons de signaler.

Qu'il nous suffise de dire maintenant qu'après trois mois de traitement énergique, tant à l'intérieur qu'à l'extérieur et de *frictions* et *applications dérivatives* diverses, la malade a été rendue à la santé. La cicatrisation des lésions des poumons est complète, la toux a disparu entièrement, et la guérison est consolidée.

Ce cas de guérison, qui peut paraître extraordinaire, serait, comme *toutes nos observations*, attesté aussi bien par la jeune personne que par le docteur dont elle avait reçu les soins avant l'aggravation de son état.

ASTHME RHUMATISMAL

Catarrhe bronchique.

M. F..., chef de dépôt au chemin de fer de Lyon, avait depuis longtemps une douleur rhumatismale qui se promenait d'une jambe à l'autre. Cette douleur disparut, et quelque temps après il eut un asthme muqueux qui le tourmentait beaucoup. Ce malade expectorait des crachats verts avec beaucoup de peine. Il ne pouvait marcher un peu vite sans être essoufflé. La nuit il ne dormait pas, et l'oppression devenait extrême par les temps humides.

Les *frictions avec la Pommade végétale anti-rhumatismale* et quelques boissons résineuses l'ont débarrassé complétement. Pendant les deux années suivantes, le malade ne souffrit plus de son asthme et jouit de la meilleur santé. Le malade quitta Paris, et nous le perdîmes de vue. Depuis

noús avons appris qu'il a succombé à Provins à une maladie contractée après une grave imprudence.

HYDROPERICARDITE

Hydropéricardite (épanchement d'eau dans l'enveloppe
du cœur) compliquée d'une hépatisation (engorgement
complet) des deux poumons.

Le cas qui fait le sujet de cette observation est relatif à
un homme très honorablement connu dans le quartier qu'il
habite. Sa maladie et sa guérison ont fait tant de bruit
qu'un grand nombre de lecteurs connaissent la personne
dont il s'agit.

M. E. L.., boulanger à Bercy, âgé de trente ans, est pris
au commencement de mars 1864 d'une courbature générale
avec frissons, chaleur à la figure, fatigue générale dans les
bras, dans les jambes. Il avait la bouche amère, pâteuse, des
envies de vomir à chaque instant, un grand mal de tête, des
impatiences dans les jambes qui lui faisaient chercher les
endroits du lit qui étaient froids. La nuit il avait des rêves,
des cauchemars épouvantables. La fièvre était intense et la
respiration très gênée. Le malade se plaignait d'une douleur sourde dans les épaules. Nous constatâmes une *fluxion
de poitrine double* avec un commencement de congestion
cérébrale. Le traitement et la médication furent des plus
énergiques, et dix jours après le malade était hors de danger. Obligé de nous absenter de Paris, il ne nous fut pas possible de suivre la convalescence. Le malade sortait déjà tous
les jours, et vaquait même à ses occupations ordinaires,
quand tout à coup, il reprit le lit, en proie à des symptômes
aussi violents que la première fois. En notre absence on fit
appeler un confrère, M. Palmier, qui, à notre retour, de-
manda que nous fussions appelé en consultation; et voici
ce qui fut constaté :

1° Un *épanchement énorme* de liquide dans l'enveloppe du cœur ;

2° Un *engorgement complet* des deux poumons. De gros râles humides annonçaient que le peu d'air qui y pénétrait soulevait des masses de mucosités et de crachats;

3° Un *œdème* (enflure) des jambes et des bourses. Les cuisses et les jambes devinrent si volumineuses que le malade dut porter un jupon.

Il ne dormait ni jour ni nuit, et ne pouvait supporter que la *position assise*. Il est resté pendant tout le temps de sa maladie (c'est-à-dire pendant *quatre mois*) dans son fauteuil.

En présence d'un état aussi grave et presque *désespéré*, nous fîmes à notre tour demander en consultation notre savant et bien-aimé maître, M. le docteur Monod, médecin en chef de la maison municipale de santé (maison Dubois). Nous nous rappellerons toujours les paroles que nous adressa ce célèbre praticien en nous quittant : « *Si vous sauvez ce malade, il vous devra un beau cierge.* »

Sur ces entrefaites, le Dr Palmier, qui avait vu et traité le premier le malade en notre absence, vint à mourir, et nous prîmes seul la direction du traitement. Pendant quatre mois nous avons lutté avec cette terrible ou plutôt *ces* terribles maladies, qui se compliquaient tous les jours de quelque nouveau désordre. Nous devons dire aussi que le malade a montré un courage vraiment héroïque, et qu'il a supporté avec une rare résignation tous les traitements et tous les moyens quelque énergiques qu'ils fussent que nous avons employés. Tous les jours il s'écoulait des ulcérations qui s'étaient formées aux jambes plus de *dix litres* d'une eau rousse d'une odeur nauséabonde.

Enfin, après trois mois de lutte et d'anxiété, le malade put se coucher pendant quelques heures dans la nuit, et peu à peu nous vîmes une amélioration sensible se produire dans son état. A la mi-juillet l'enflure des jambes avait à peu près disparu, les forces revenaient à vue d'œil, et le malade pou-vait sortir et se promener dans la journée. Vers les pre-miers jours d'août, la guérison était complète. Aujourd'hui M. E. L... a repris un embonpoint considérable, et jouit de la meilleure santé.

Nous ne voulons point laisser passer cette occasion sans rendre justice à un procédé opératoire fort simple, il est vrai, mais qui nous a été d'un grand secours dans cette circons-tance. Il s'agit de l'application réitérée dans la région du cœur *du marteau* de Mayor. Nous restons encore aujour-d'hui avec la conviction que ce moyen dérivatif a été, au moins en grande partie, sinon la seule cause de la guérison.

Maintenant, si nous voulons examiner quel a été le point de départ de la maladie, nous trouvons encore l'*élément rhu-matismal*. En effet, la rechute, qui a failli coûter la vie à M. E. L..., a été causée par l'impression du froid humide auquel il s'était imprudemment exposé étant encore en con-valescence. Il avait tout d'abord éprouvé des douleurs erra-tiques légères, qui, après avoir parcouru la généralité du corps, avaient fini par se localiser sur le cœur et les pou-mons. Notre conviction profonde est que, dès le début de ces douleurs, des *frictions générales* eussent suffi pour dé-truire le mal et l'empêcher d'atteindre une telle gravité.

BRONCHITE CHRONIQUE

Commencement de Phthisie. Guérison.

M. L..., employé de la Compagnie des Omnibus, rue Pi-gale, était souffrant depuis six mois lorsqu'il vint nous trouver.

Voici les lésions que nous constatâmes en percutant sa poitrine :

1º Un amas considérable de tubercules à l'état cru au sommet du poumon droit;

2º Quelques tubercules disséminés dans le poumon gauche;

3º Des palpitations de cœur;

4º Un bruit de souffle très prononcé dans cet organe;

5º La respiration sifflante et oppressée. L'expiration était beaucoup plus prolongée que l'inspiration;

6º Des râles muqueux dans le haut du poumon droit;

7º Des râles muqueux dans la partie médiane du poumon gauche.

Le malade se plaint en outre de ne pas pouvoir dormir la nuit à cause d'une toux opiniâtre, tantôt sèche, tantôt grasse, qui survient à chaque instant. Il a des sueurs froides la nuit qui inondent la poitrine et les jambes; il a des cauchemars affreux, l'appétit n'existe plus, et les forces diminuent tous les jours.

Nous diagnostiquons une *bronchite capillaire*, et une *phthisie* au premier degré. Par suite nous ordonnons le traitement suivant correspondant aux principales phases de la maladie :

1º Administration à l'intérieur de médicaments pour pousser à l'expectoration (aux crachats);

2º Dérivation aussi puissante que possible à la peau par d'*énergiques frictions;* applications vésicantes et caustiques; sudorifiques. Emploi, en un mot, de tous les agents susceptibles de porter la fluxion morbide de l'*intérieur* à l'*extérieur;*

3º Reconstitution du malade, rétablissement des forces au moyen de remèdes toniques, dépuratifs, et régénérateurs du sang;

4° Enfin cautérisation des parties malades des poumons, à l'aide d'un agent caustique gazeux.

Sous l'influence de ce traitement, tous les symptômes se sont amendés, et au bout de *trois mois*, la guérison était radicale.

Aujourd'hui M. L.... est contrôleur des omnibus, place de Courcelles, et jouit d'une santé des plus florissantes.

Nous dépasserions notre programme si nous voulions nous étendre sur le chapitre des affections de poitrine, et citer tous les cas de guérison que nous avons obtenus. Il suffira, nous l'espérons, pour que notre but soit atteint, d'avoir publié sommairement quelques-uns des cas les plus graves, et de ceux dont les symptômes généraux se rapportent le plus à la masse des maladies de ce genre.

PARALYSIES

Ataxie locomotrice progressive (décrite par M. Duchenne, de Boulogne), *consécutive d'un déplacement rhumatismal.*

Le sieur H..., minotier à Blidah, était venu en France pour voir sa famille. Peu de temps après son arrivée à Paris, il éprouva des *fourmillements* dans le bras et à la jambe du côté droit, suivis d'une grande faiblesse dans ces deux membres. Peu à peu sa physionomie se modifia, la commissure gauche des lèvres se contracta et fut déviée à gauche, le nez se dévia à son tour, entraîné par les muscles du côté gauche de la face, qui seuls agissaient. La paupière droite tombait inerte sur le globe de l'œil, et il fallait l'aider des doigts pour la soulever. La faiblesse du bras et de la jambe augmenta peu à peu. La sensibilité disparut complétement, et on pouvait pincer, tirer fortement le malade, sans qu'il accusât la moindre sensation. Il en fut de même des mouvements de ces deux membres, qui se perdirent tout à fait. Le bras maigrissait tous les jours, et pendait inerte le long du tronc. La jambe, amaigrie aussi considérablement, ne pouvait qu'être légèrement soulevée dans l'action de la marche, qui était très pénible pour le malade. Il se servait d'une béquille, et traînait difficilement ce membre, que les muscles ne pouvaient plus soulever.

C'est à cette période de la maladie que nous fûmes consulté par le malade.

Voici les détails qu'il nous donna sur ses antécédents :

M. H..., qui aimait beaucoup la chasse, passait quelquefois ses nuits à l'affût. Il avait contracté une douleur rhumatismale qui, d'abord localisée sur l'épaule gauche, s'était déplacée sur le nerf sciatique, et le faisait parfois cruellement souffrir. Malgré ces douleurs, il continuait à se livrer à son plaisir favori. La sciatique disparaissait ordinairement l'été, pour revenir au premiers jours de l'hiver.

Le malade fit son voyage de Blidah à Paris au commencement d'octobre. Etant en chemin de fer, il fut exposé à l'action d'un courant d'air, et il ressentit presque aussitôt une douleur sourde dans le bras droit qui rayonnait sur le même côté de la poitrine. Cette douleur persista pendant un mois après son arrivée à Paris, et c'est à cette époque que commencèrent à apparaître tous les symptômes de paralysie que nous venons de décrire.

Nous avions affaire à un cas très grave, et nous n'avons pas dissimulé au malade que le traitement serait long et, que, tout en espérant pouvoir le guérir, nous ne pouvions lui en donner la certitude.

Les *frictions matin et soir avec la Pommade végétale* n'ont pu déplacer le rhumatisme qu'au bout d'un mois et demi, et c'est alors seulement que nous avons cru sérieusement à une guérison prochaine. Ces frictions ont été continuées pendant quatre mois. Elles étaient entremêlées de bains de vapeur sèche. Tous les huit jours, deux pilules purgatives. Dans l'intervalle, le malade prenait trois cuille-rées par jour d'une potion iodo-ferrée pour réparer ses for-ces, du vin généreux et une nourriture fortifiante. Le cinquième mois, le malade était guéri. Pendant cinquante jours encore la jambe droite avait un peu de raideur dans les muscles. Nous avons engagé le malade à faire encore quel-ques frictions avec la pommade, ce qui a suffi pour enlever toute trace de la maladie.

Si M. H... est guéri de son mal, il l'est aussi de sa passion pour l'affût de nuit.

Déplacement rhumatismal simulant l'épilepsie.

Eugène B..., ouvrier à la verrerie de M. P...; âgé de 23 ans, tombait tous les mois du *haut-mal*. Ses attaques de-vinrent plus fréquentes et se répétèrent tous les huit jours. On avait essayé inutilement de tous les remèdes pour le guérir.

La mère du jeune homme qui vint seule nous consulter sur l'état de son fils, nous fournit les renseignements sui-vants :

Etant en bas-âge, l'enfant avait eu un vaste abcès à l'articulation de la hanche, qui avait suppuré pendant plu-sieurs années, par suite d'un trajet fistuleux qui s'était éta-bli de l'intérieur de l'articulation au dehors. Le médecin qui traitait l'enfant attribuait cet abcès à une *inflammation rhu-matismale* de l'articulation et à des fraîcheurs localisées sur l'articulation résultant de l'habitude qu'avait l'enfant de s'asseoir et de se rouler sur le carreau humide de la cham-bre, le matin quand on le levait, alors qu'il n'était pas encore vêtu. La mère continuant son récit, nous dit que, du jour où la hanche avait été guérie, l'enfant avait commencé à avoir des attaques du *haut-mal* qui, d'abord *très éloignées* et *très courtes*, se rapprochaient de plus en plus, et avaient une plus longue durée.

Le lendemain, nous avons vu le jeune homme, et nous avons reconnu sur la hanche les traces de l'abcès.

Voici le traitement que nous lui avons fait suivre :

1° Frictions le matin sur tout le corps, et principalement sur la colonne vertébrale, avec un mélange alcoolique et de la noix vomique;

2° Frictions le soir avec la *pommade anti-rhumatismale* sous l'influence de laquelle le rhumatisme est revenu à la hanche, pour se porter successivement sur divers muscles du corps, jusqu'à ce qu'il fût tout à fait disparu;

3° Administration à l'intérieur de l'oxide de zinc et de potions toniques.

Les accès, grâce à cette médication, se sont éloignés de plus en plus. Le dernier a eu lieu vers la fin de juillet 1861, et, depuis cette époque, ils n'ont plus reparu.

Nous traitons en ce moment M. M..., de la garde de Paris, qui, sous l'influence d'une *affection rhumatismale déplacée*, a eu, dans l'espace de quinze jours, deux accès épileptiformes. Il a fait, depuis, plusieurs frictions avec la pommade anti-rhumatismale, et son état général s'est tellement amélioré, que nous pouvons lui assurer dès maintenant une prompte guérison.

DANSE DE SAINT-GUY

(chorée).

Une jeune fille de neuf ans est amenée par sa mère à notre consultation. Elle a une danse de St-Guy très caractérisée depuis un an. Des mouvements irréguliers et involontaires dans les bras et dans les jambes. Elle ne peut se tenir debout et jette son corps et ses membres tantôt d'un côté, tantôt de l'autre, et se blesse souvent. Placée dans son lit, on la voit faire de vrais sauts, s'agiter, tomber et retomber sans cesse. A ces agitations, se joignent des troubles de l'intelligence caractérisés particulièrement par la perte de la mémoire.

La mère nous dit qu'à la suite d'un bain froid prolongé, l'enfant avait eu un *rhumatisme musculaire* qui s'était aussi porté sur les articulations des coudes et des genoux, et qui l'avait tenue au lit pendant trois mois ; après il avait disparu, pour faire place à la danse de St-Guy.

Les frictions matin et soir avec la *pommade anti-rhumatismale*, un traitement hydro-thérapique et un régime fortifiant ont suffi pour guérir radicalement en deux mois cette jeune fille.

GRAVELLE

Maladie des reins.

Néphrite

M. M..., négociant en vins, âgé de 50 ans, a pris des fraîcheurs dans les caves. Il a souffert pendant plusieurs années des jambes et d'une sciatique rhumatismale. L'été, les douleurs se calmaient pour reprendre l'hiver avec plus d'intensité. Il y a trois ans, les douleurs, qui avaient disparu pendant les chaleurs, ne reparurent plus aux jambes lorsque l'hiver arriva. Mais en revanche, M. M... éprouva de vives douleurs dans la régions des deux reins (des deux rognons). Cette douleur lancinante, très aiguë, se prolongeait jusque dans la vessie, en suivant le trajet des artères. Elle se propageait dans les testicules et dans les cuisses, où elle devenait plus sourde mais plus pénétrante. L'émission de l'urine fut complétement suspendue.

Plus tard, lorsqu'il fut permis au malade d'uriner un peu, elle sortait goutte à goutte, rouge et brûlante. Elle chassait de petits corps granuleux gros comme une tête d'épingle, et déposait un limon rouge semblable à de la brique pilée, qui s'attachait au fond du vase et l'encroûtait.

Nous crûmes, et bien nous en prit, à un *déplacement* des douleurs rhumatismales des jambes sur les reins. Le résultat justifia nos prévisions.

Traitement :

1° Frictions avec la *pommade végétale anti-rhumatismale* sur les reins, suivies de cataplasmes à la feuille de bouleau blanc, sur les reins et la vessie;

2° Boissons émollientes;

3° Fumigations locales émollientes.

A la *cinquième* friction, le malade urinait facilement, quoique l'urine fût encore trouble et rougeâtre.

Vers le *huitième jour* du traitement, le rhumatisme *revenait sur les jambes*, et les douleurs de *reins* avaient disparu. On continua pendant *un* mois les frictions, qui eurent pour résultat de débarrasser à tout jamais le malade de ces douleurs rhumatismales et de le préserver en même temps de ces dangereux déplacements, qui avaient mis sa vie en danger. M. E... est aujourd'hui plein de santé.

MALADIES DU FOIE

(Hépatite).

Mme C..., garde-malade, rue Gallois, vint nous consulter pour une maladie de foie dont elle souffrait depuis plusieurs années. A l'examen, le foie nous parut très volumineux. Il débordait les côtes de sept à huit centimètres. Une douleur sourde et continue se manifestait dans cette région, en même temps qu'un sentiment de lourdeur insupportable. De temps en temps, des élancements traversaient le foie d'avant en arrière, et arrachaient un cri aigu à la malade. La face était jaune ainsi que les yeux. La même teinte était répandue, mais plus légère, sur la surface du corps. L'appétit était presque nul; les digestions très laborieuses et suivies, une heure après le repas, de vomissements très pénibles et tellement répétés qu'ils avaient complétement épuisé les forces de la malade.

Il résulta des renseignements que cette personne nous fournit, que, deux mois avant de sentir les premiers symptômes de la maladie de foie, elle avait eu un *lumbago rhumatismal* contracté dans une *maison neuve*. Ce lumbago revenait au moindre changement de temps, surtout par l'humidité. Mme C... avait porté une ceinture de flanelle et avait pris quelques bains de vapeur. Ces moyens avaient suffi à faire disparaître pour un temps le rhumatisme, mais non à le guérir. Aussi, deux mois après, s'était-il déplacé pour se porter sur le foie, et déterminer une affection très grave.

Traitement :

1° Une friction matin et soir avec la *Pommade anti-rhumatismale* sur la région du foie, qui, dans l'espace d'un mois, a fait disparaître complétement l'enflure de cet organe ainsi que les vomissements, ce qui a permis à la malade de prendre une nourriture réparatrice;

2° Un verre d'eau de Vichy, matin et soir;

3° Nourriture fortifiante et exercice modéré.

La guérison a été radicale à la fin du *deuxième mois* de traitement.

CONCLUSION

Un gros volume ne suffirait pas à énumérer tous les cas de guérison obtenus par notre mode de traitement. Nous avons pris autant que possible les cas les plus marquants dans chaque genre d'affection provenant de la *même cause*.

On nous pardonnera le *laisser-aller* de la rédaction et la vulgarité des expressions, en se rappelant que nous écrivons plutôt pour le public que pour la science, et que notre désir est d'appeler l'attention des malades sur certains signes morbides, qui, négligés au début, ainsi que cela arrive trop souvent, peuvent engendrer, par suite de cette incurie, les maladies les plus dangereuses.

Nous avons, en terminant, la douce confiance que nos confrères trouveront dans ce résumé d'observations consciencieuses, d'utiles et précieux renseignements pour le diagnostic de certaines affections, dont l'ignorance de la première cause conduit parfois à de graves erreurs de traitement.

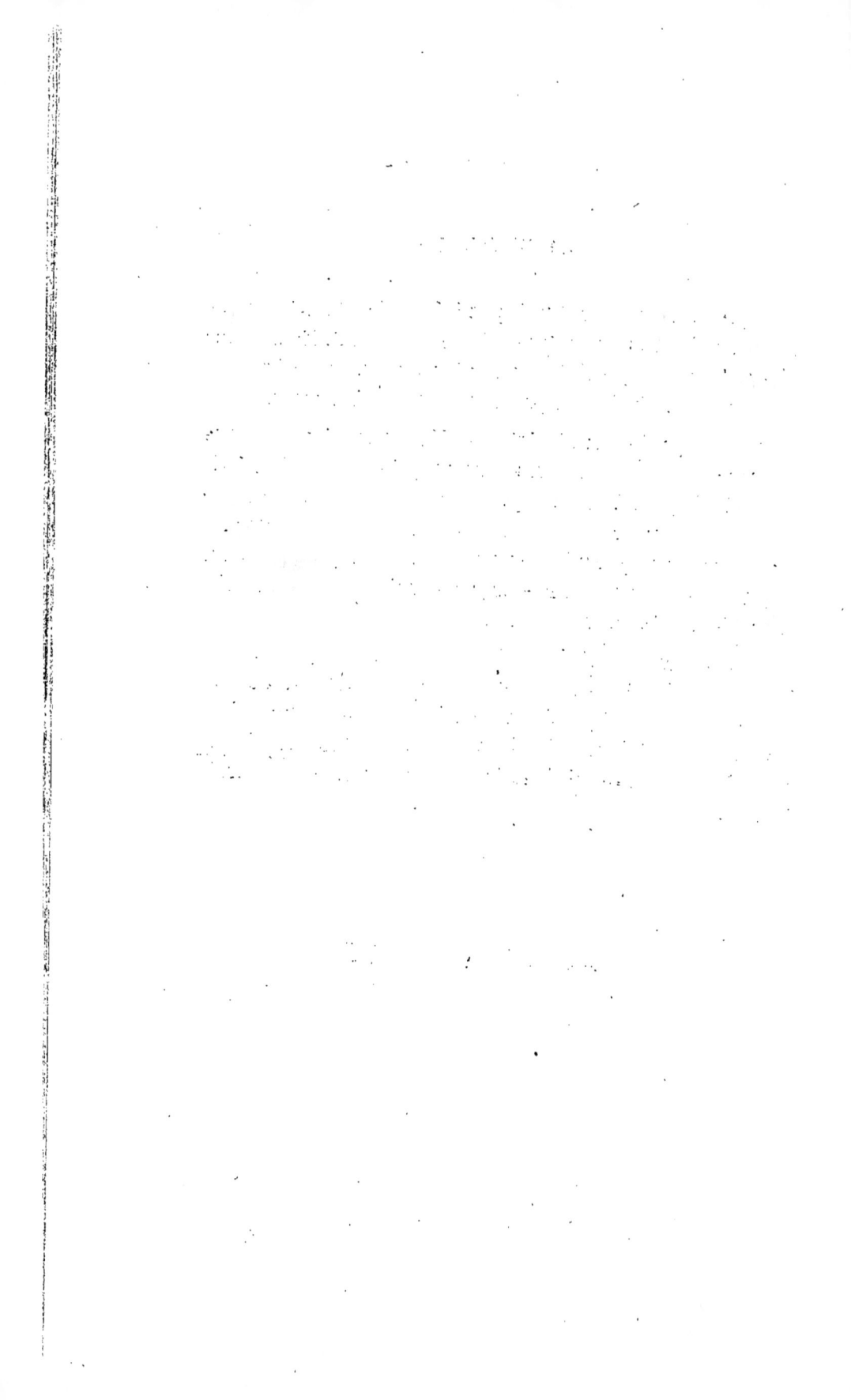

POMMADE VÉGÉTALE

DE LA FLORE DES ALPES

ANTI-RHUMATISMALE

***

La Pommade végétale de la Flore des Alpes employée dans les conditions indiquées ci-après, guérit les **Rhumatismes**, soit musculaires, soit articulaires, à l'état aigu ou à l'état chronique, ainsi que toutes les affections rhumatismales connues sous les noms de **Douleurs, Fraîcheurs, Lombagos,** etc., etc.

EFFETS DE LA POMMADE VÉGÉTALE DE LA FLORE DES ALPES

1º Elle agit directement sur le mal, et en indique le siége en rubéfiant d'une manière toute spéciale les parties du corps atteintes de rhumatisme;

2º Elle opère *presque toujours* un déplacement momentané du mal;

3º Elle amène une éruption de boutons, qui occasionne à sa période décroissante, des démangeaisons plus ou moins vives, selon l'intensité du mal.

Cette éruption est l'indice de l'action efficace de la pommade, et ces démangeaisons annoncent une guérison prochaine.

MODE D'EMPLOI

La **Pommade végétale de la Flore des Alpes anti-rhumatismale** s'emploie de la manière suivante :

1º Faire chauffer au bain-marie dans une soucoupe de *terrre cuite vernie n'ayant servi à aucun autre usage*, une quantité de pommade suffisante pour frictionner la partie du corps malade, par ex. : une grande cuillerée à bouche pour un bras.

2º Lorsque la pommade est liquéfiée et *bien chaude*, en imbiber un morceau de forte flanelle *unie*, pliée en tampon, et frictionner d'abord avec douceur, puis *de plus en plus énergiquement et largement*, la partie du corps atteinte de rhumatisme.

3º La friction, pour être efficace, doit se prolonger suffisamment. S'il s'agit d'un bras, par ex.: elle doit durer à peu près *un quart d'heure*, une friction générale du corps exige *plus d'une heure*, pour être faite dans des conditions convenables ;

Les frictions doivent être faites non-seulement où la douleur se fait sentir en commençant le traitement, mais aussi partout où elle se porte pendant sa durée. Il faut avoir soin de commencer et de *toujours terminer* les frictions par la partie du corps où est le siège principal du mal.

4° La friction terminée, appliquer, une flanelle ou une étoffe de laine sur la partie frictionnée, et recouvrir cette flanelle d'une ouate afin de maintenir une grande chaleur sur la partie malade.

Nota. Les premières frictions sont les plus importantes. Elles doivent indiquer quelles sont les parties du corps atteintes de rhumatisme. Il faut donc, en commençant le traitement, frictionner non-seulement les points alors douloureux, mais encore tous ceux qui l'ont été auparavant. On saura par là si ces derniers sont encore soumis à l'influence du mal et s'il est nécessaire de les frictionner.

Les frictions doivent être renouvelées au moins deux fois par jour (*matin et soir*), et même plus souvent, surtout lorsque le mal existe à l'état aigu et que le malade est alité. *Ces frictions doivent être continuées sans interruption*, non-seulement jusqu'à ce qu'elles amènent l'éruption dont il est parlé plus haut; pendant toute sa durée; et jusqu'à l'entier dessèchement des boutons, dont le nombre et le volume varient selon *l'intensité* et *l'ancienneté* du mal; mais encore *jusqu'à la fin* des démangeaisons qui en sont la suite, et que la partie du corps où elle s'est produite ait repris son aspect naturel. Cesser les frictions avant ce temps, quelque soulagement qu'on éprouverait, ne serait qu'endormir le mal ou le déplacer, mais non le guérir et l'extirper.

AVIS IMPORTANT. — Parfois l'irritation qui accompagne l'éruption est tellement vive qu'elle devient très pénible à endurer, et peut même occasionner, pendant quelques heures, un peu de fièvre dont il ne faut en rien se préoccuper. Si la fatigue est trop grande, il suffira, pour calmer la douleur, d'appliquer fréquemment la pommade avec la paume de la main, puis de fixer un linge de toile à la flanelle pour éviter un frottement trop irritant.

La *Pommade végétale de la Flore des Alpes antirhumatismale*, quelle que soit l'énergie de son action, n'occasionne jamais de plaies.

Beaucoup de personnes nous ont donné un *certificat sur papier timbré attestant* leur guérison par l'usage de la **Pommade végétale de la Flore des Alpes anti-rhumatismale,** et *nous autorisent* à publier leurs noms et adresses. Nous tenons ces certificats à la disposition de quiconque désirerait en prendre connaissance, de même que les attestations de beaucoup d'autres malades, guéris par notre traitement. Si nous nous abstenons de les faire connaître, c'est autant pour éviter une publicité affectée, que pour rester dans les bornes d'une discrétion légitime.

AFFECTIONS DE POITRINE
(POMMADE DÉRIVATIVE)

L'ouvrage que nous préparons depuis longtemps sur les *affections de poitrine* est sur le point de paraître. Nous nous efforçons d'y démontrer et de faire ressortir tout les points de contact qui existent entre ce genre d'affections et les rhumatismes. On voit presque toujours, en effet, l'*élément rhumatismal* précéder ou suivre les *bronchites chroniques* et la *phthisie.* Il en est de même des *maladies du cœur.* Cette solidarité morbide nous a conduit à employer au début des maladies de poitrine un moyen qui est le fonds du traitement du *rhumatisme.* Nous voulons parler des *frictions dérivatives* et *révulsives* vers la peau. Aussi la **pommade dérivative,** que nous employons contre les *affections de poitrine,* remplit elle le même but. Elle opère une dérivation de l'*intérieur* à l'*extérieur.* En un mot, et pour parler vulgairement, elle attire *au dehors* l'humeur ou le sang qui engorge les poumons, et rétablit les fonctions de ces organes, en permettant à l'air d'y pénétrer facilement.

Un grand nombre d'observations consignées dans cet cet ouvrage prouve surabondamment l'efficacité *dans toutes les maladies de poitrine* de ces *frictions révulsives* qui viennent compléter l'ensemble des moyens de *notre méthode de traitement.* Plusieurs de ces observations viendront s'ajouter à celles qui ont été déjà soumises au jugement de l'Académie de médecine par notre savant et honoré maître le professeur Fuster, et les corroborer, en prouvant de nouveau la vérité des faits qu'il avance, et l'excellence des moyens employés dans le traitement de la *phthisie.*

Une méthode nouvelle de traitement contre les maladies de poitrine, ne constitue pas, ainsi que pourraient le croire des personnes étrangères à l'art, un remède empirique, guérissant *quand même*, et toujours de la *même façon*, tous les cas de *phthisie.* Non; c'est *un ensemble de moyens* appropriés au degré de la maladie, à l'âge, au sexe et au tempérament de la personne atteinte, et dont l'emploi est subordonné à la sagesse et à l'expérience du médecin. Une méthode de traitement n'est et ne sera jamais parfaite. Et, comme on apprend tous les jours, surtout quand on se livre à l'étude spéciale des maladies de certains organes, tous les jours aussi on ajoute, aux données et connaissances acquises, de nouveaux moyens, de nouveaux remèdes fournis par l'expérience personnelle ou par celle d'autrui. Aussi accueillons nous avec reconnaissance et empressement toutes les tentatives généreuses et toutes les découvertes utiles au perfectionnement de notre méthode et à la grandeur du but.

Aussi bien encore est-ce avec satisfaction que nous nous plaisons à constater et à prouver l'excellence des résultats vraiment surprenants obtenus par l'administration prudente et opportune des préparations alcooliques et des substances alimentaires *fortement azotées à l'état cru* dans le traitement de *la phthisie*. Rien n'égale leur action comme stimulant de la circulation sanguine et de la combustion pulmonaire. Des malades guéris, d'autres en voie de guérison témoignent hautement de l'efficacité de ces agens thérapeutiques et alimentaires.

Mais ce n'est pas le moment de s'étendre sur ce sujet qui doit être développé dans un cadre plus long.

Afin de vulgariser notre méthode de traitement des rhumatismes et des maladies de poitrine, nous nous proposons de fonder un **dispensaire** où nous traiterons publiquement ces deux genres d'affections. Chacun pourra alors, en suivant l'application de notre théorie, être témoin des résultats qu'elle nous donne dans la pratique. Nous osons espérer que l'observateur et le praticien pourront y glaner quelques bonnes vérités, en même temps que la science y trouvera quelque profit.

LES CONSULTATIONS PARTICULIÈRES

ont lieu tous les jours de 1 heure à 4 heures au domicile de l'Auteur,

. 47, *rue de Rivoli, près la Tour Saint-Jacques*

(Dimanches et Fêtes exceptés).

Paris.— Imprimerie **A. Appert**, passage du Caire, 58

TABLE DES MATIÈRES

Paris.—Imprimerie A. Appert, passage du Caire, 56

www.ingramcontent.com/pod-product-compliance
Lightning Source LLC
Chambersburg PA
CBHW060443210326
41520CB00015B/3832